U0170862

鸢飞戾天鱼跃于渊

如果你是醒了,推开窗子

看这满园的欲望多么美丽

祝小朋友和大朋友们

开卷有益

余世存

壬寅冬寒露

献给小墩儿

夏

立夏 小满 芒种 夏至 小暑 大暑

余世存 给孩子的时间之书

余世存—著
花农女—绘

中信出版集团 | 北京

图书在版编目（CIP）数据

余世存给孩子的时间之书.夏 / 余世存著；花农女
绘 . -- 北京：中信出版社，2022.11（2023.1月重印）
ISBN 978-7-5217-4786-7

Ⅰ.①余… Ⅱ.①余…②花… Ⅲ.①二十四节气—
少儿读物 Ⅳ.① P462-49

中国版本图书馆 CIP 数据核字 (2022) 第 177528 号

余世存给孩子的时间之书：夏

著　　者：余世存
绘　　者：花农女
出版发行：中信出版集团股份有限公司
　　　　　（北京市朝阳区惠新东街甲4号富盛大厦2座　邮编　100029）
承 印 者：河北彩和坊印刷有限公司

开　　本：787mm×1092mm　1/24　　印　张：5　　字　数：48千字
版　　次：2022年11月第1版　　　　　印　次：2023年1月第3次印刷
书　　号：ISBN 978-7-5217-4786-7
定　　价：37.00元

版权所有·侵权必究
如有印刷、装订问题，本公司负责调换。
服务热线：400-600-8099
投稿邮箱：author@citicpub.com

推荐序

　　世存给孩子的时间之书，不仅是写给孩子们的游艺作品，也是给家长、老师等大人们四时八节的时礼。作者通过一百多场情景对话短剧，把一年时间中的节气文化、历史、习俗做了一个全面而综合的介绍，这部书的常识性和人文主义色彩是罕见的。据说，这部书是疫情隔离时期的产物，可以说它是时代的产物，有着对时代社会的安顿和超越。

　　时代是人生存的前提，这让很多人赖上了时代，因此吃瓜、躺平、焦虑、等待。我曾经说过，我不认为有什么困难能让人焦虑、抑郁，甚至产生精神问题。如果把时代放在大时间尺度之中，把一年放在一世、一甲子、一百年的尺度之中，模糊的暧昧的当下都是可以确定的、应该珍惜的，应该只争朝夕。

世存的这部作品不属于等待一类，它有着真实不虚的确定性。一年时间中的天地自然背景，仍确定地在我们身边等待我们去发现、去对话互动。世存多年来投入对"中国时间"的研究，成果丰硕，在此基础上写作本书，深入浅出，举重若轻，他将国人或外人"不明觉厉"的节气文化讲解得生动易懂。他用家人、朋友之间的场景互动来观察一年时间的演化，本身具有励志性、成长性，整部作品洋溢着难得的温情和人道情怀，让人读来多有感动。

尽管天气冷暖反常，温室效应和海平面上升让人不安，但节气时间仍有丰厚的内容可以滋养我们，甚至如作者所展示的，我们当代人在这一具体而微的时间尺度中仍可以创造出新的节气文化。用流行的话说，节气不仅有巨大的存量，还有无限的增量。

世存的"中国时间"系列，其影响有目共睹。不少人引用过他在《时间之书》中的句子："年轻人，你的职责是平整土地,而非焦虑时光。你做三四月的事，在八九月自有答案。"但我更注意到他挖掘出古代天文学的术语，即五天时间称作微，十五天时间称为著。见微知著原来有这样天文时间的含义。天气三微而成一著，我们乡下农民所说的见物候而知节气，原来如此，本来如此。

有些朋友注意到世存治学范围的调整，对一些领域的涉足，与其说转向，不如说是丰富。作者是少有的能对历史和当代社会提供总体性解释的学人，是谈论中外文化而能让人信任的学人，这反证作者为人为学的真诚。的确，有一些领域因为作者的介入而真正激活了，只要读过作者的文字，就会相信文如其人——温和而坚定，包容而自省。现在，作者为人们提供了这样一部更亲切的二十四节气，我相信这部书的经典价值，它将参赞我们人类日新又新的节气文化。

是为序。

俞敏洪

余老师说"夏"

　　夏天属于青春，是大哥哥大姐姐们的。

　　夏天是亨①。万物都在天地间被自然之力所锻炼。夏天就是烹煮的大熔炉。

　　夏天是长。一切生命都在夏天长大，这个长大的过程艰难、困苦，但生命健行不已，自强不息。夏天是朝气蓬勃的，夏天就是扎根于大地、成长参天的季节。

　　夏天是礼。每一个生命都享有自己的生存空间，并与他者共处，各种生命在一起组成了群体，需要秩序、礼仪、责任。夏天是成年的季节，是个人修身而能齐

---

① 亨：有三个读音，读 pēng 时，同"烹"，是烹煮的意思。

家、处理好和他人关系的季节。夏天的声音是徵音①，就是年轻人的声音，是一浪高过一浪的，闻徵音使人乐善而好施。

夏天的六个节气拓展了我们的意志力。立夏、小满给我们丰富的美味享受，让我们大饱口福；芒种、夏至检测我们的体能，让我们的身体触觉到世界的水深火热；小暑、大暑锻炼我们的意志，让我们在高温天气、火炉一样的环境里能够敬业，能够端正性命。

夏天的时间相当于一天中的上午九点到下午两点，相当于人一生中的三四十岁的年龄。夏天是立身的，是有梦想的，是不受诱惑并要解决困惑的。这个苦夏的过程必须经历才能体会到苦尽甘来的甜美。

夏天属于工人，对自己的要求尽善尽美，与他人分工合作，共同成就大千世界的荣华美丽。

———————————

① 徵音：中国古乐的基本音为宫、商、角、徵、羽五音。五音不仅是声音，也是万事万物的规律或基本属性，徵音对应夏季，有向上、壮大之意。

目录

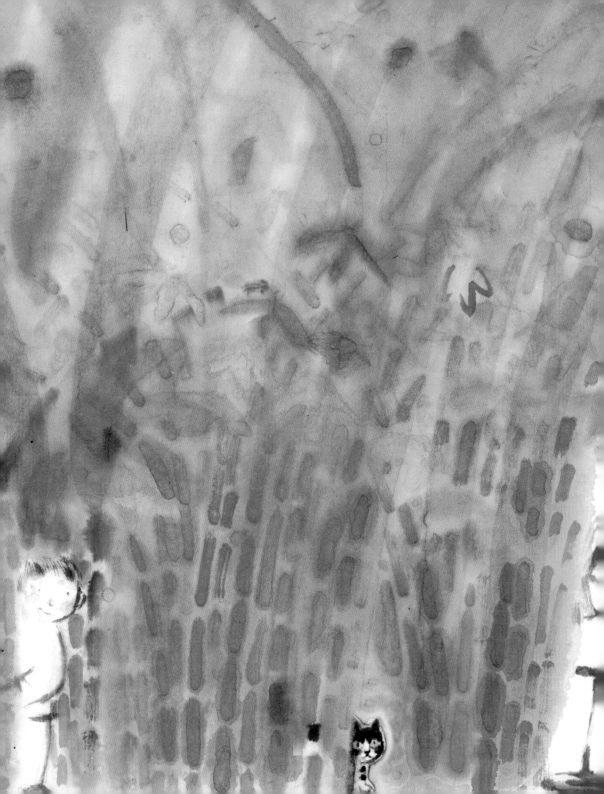

夏之长

春天过去了。一天黄昏，小君和爸爸到小区里散步，看到余叔叔和小墩儿也在小区里散步。他们一起路过小区的竹林，小君发现，小区的竹林里蹿出了好多新竹子。小君问余叔叔，如果每年都生长出好多竹子，那片竹林岂不是会变得密密麻麻的吗？那竹子会不会挤得活不了了？

余叔叔说，一般来说，这种情况不会出现。竹子也有新陈代谢，有些竹子的生存空间一旦被其他竹子侵占完了，就会枯萎死掉。如果有人管理，那就更没问题了。人可以挖竹笋，控制新生竹子的数量；也可以砍伐成材的竹子，维护整片竹林的生态。杜甫有一句诗，说的是**新松恨不高千尺，恶竹应须斩万竿**。

小君叹气说，唉，生出来容易，没想到成长如此艰难。杜爷爷为什么不喜欢竹子呢，还把它叫恶竹？

余叔叔说，那是因为杜甫种的松树长得慢，而竹子长得快啊，他觉得竹子抢了松树的生存空间。杜甫一生坎坷，在他眼里，竹子太顺利了，长得也太快了。他那首诗也感叹说，**信有人间行路难**。

爸爸接着说，是啊，学生是容易的，学长不容易。你余叔叔说过，在春天是学生，在夏天就是学长。学生是自由自在的，学长就有了边界，有了约束，有了责任，有了礼貌。比如说，小广哥哥比你大几岁，你是学生，他就是学长。

小君说，我明白了。就像小墩儿，他是学生，我在他面前就是学长。学长，就是一个有礼貌的人。

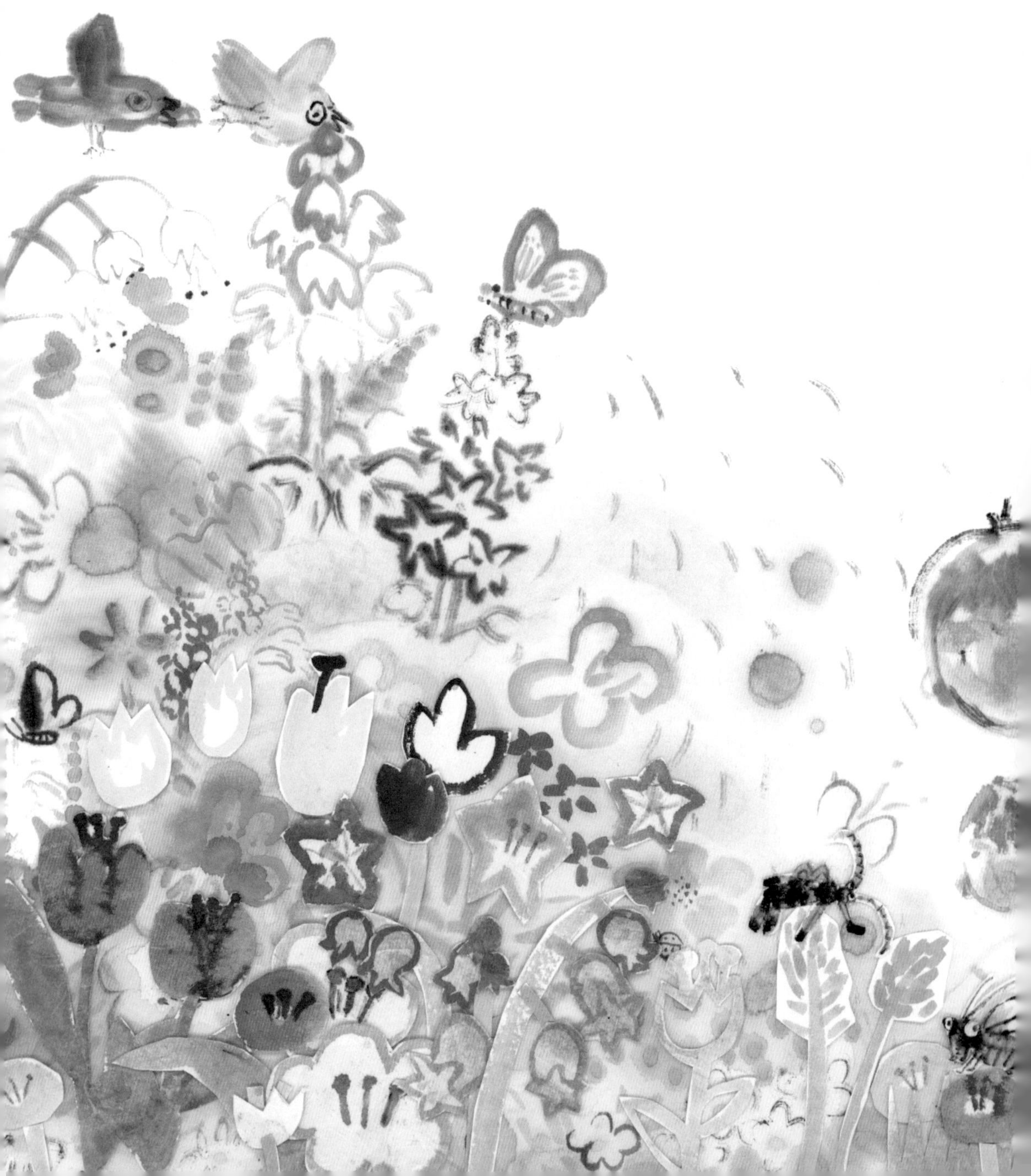

二 夏之花

　　小君看到小区的绿化工人在给花木浇水，他看到小墩儿目不转睛地看着，就问小墩儿，你是在看花，还是在看水呢？

　　小墩儿说，花，花，花好看。

　　小君说，有水的花更好看，对不？花有了水，不仅更漂亮，而且水灵啦。

　　小墩儿说，嗯，水，灵。

　　小君突然感叹，都说林花谢了春红，太

匆匆，可是夏天的花也很好看啊。

爸爸说，是的，各个季节的花都有特色。春花固然有鲜艳夺目的美，夏花也有繁花似锦的美。印度诗人泰戈尔有一句诗，就叫作，**生如夏花之绚烂，死如秋叶之静美。**

余叔叔接着说，夏花，反过来读就是花夏，就是华夏。华，就是如花朵一样的服章之美；夏，就是刚才讲的，繁荣盛大，有礼貌有礼仪。我们中国自古称为华夏，就是有服章之美，有礼仪之大。

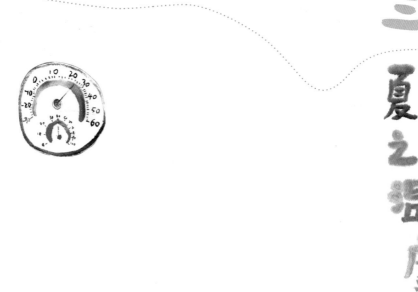

三 夏之温度

小君他们绕着小区走了大半个小时，大家都出了一身汗。爸爸感叹，春天太短暂了，转眼就来到了夏天。

小君问爸爸，现在才 5 月初，就已经算夏天了吗?

爸爸说，虽然立夏在每年的 5 月初，但中国人经常以 6、7、8 三个月为夏季；从温度上来说，如果连续五天的平均气温在 22℃ 以上，就算是夏天开始了。

小君说，那我要记录一下最近五天的平均气温。

5月 5日
晴
立夏

15～27℃

5月 6日

多云 14~28°C

5月 7日

晴

15~26°C

爸爸说，计量很重要，你的身体感受也很重要。

余叔叔点点头说，对啊，小君，你爸爸说得对，用自己的身体去感受很重要。管理好自己的身体。眼、耳、鼻、舌、身、意，身体非常重要。春捂秋冻，春天要捂好身子，多穿点儿没事；夏天基本上就是穿单衣了，如果穿单衣还觉得凉，要加一件衣服，你就要反思自己的身体是不是出了问题。

小君说，余叔叔，我知道，只有很老的老人在夏天还穿两三件衣服，我们小伙子火力壮，夏天穿短裤、打赤膊，就可以了。

立夏之
称重

回到家里，小君热得把上衣脱了，真变成了打赤膊。

妈妈对小君说，小君啊，你要不把长裤也脱了，站在地秤上，看看你净重多少？

小君问，什么是净重？

妈妈说，如果你穿着衣服称体重，就叫毛重；如果你光着身子称体重，就叫净重。

爸爸接着妈妈的话说，节气到立夏了，这时中国人的一个习俗就是称一称体重。以前在农村，立夏

称重的习俗特别热闹。全村人都来称体重，挂起一杆大木秤，秤钩处悬一个凳子，大家轮流坐到凳子上面称体重。以前的人把秤杆上的刻度亲切地称作"秤花"，称重形象地叫作"打秤花"，司秤人一面打秤花，一面讲着吉利话。称老人时说"秤花八十七，活到九十一"。称姑娘时说"一百零五斤，员外人家找上门。勿肯勿肯偏勿肯，状元公子有缘分"。称小孩则说"秤花一打二十三，小官人长大会出山。七品县官勿犯难，三公九卿也好攀"。

小君问，为什么要称体重呢？

爸爸说，这也是我们身体管理的一部分。一年四季，我们检测一下身体的胖瘦，不要暴饮暴食，保持身体的健康啊。

小君称完了体重，去看妈妈晚饭做了什么好吃的。

妈妈煮了一大锅粥，说今天晚上一家人要喝粥。

小君说，今天为什么要喝粥呢？

爸爸说，因为是立夏啊。常言说得好：

一碗立夏粥，终身不发愁；

入肚安五脏，百年病全丢。

为「水三鲜」

河豚、

为「树三鲜」，海蛳、

枇杷、

杏子

黄鱼

18

立夏尝鲜，为「地三鲜」，菜、蚕豆、黄瓜十见樱桃。

19

小君问，难道立夏只是喝粥吗？

爸爸说，也有别的习俗啊，比如立夏尝鲜。蚕豆、苋菜、黄瓜为"地三鲜"，樱桃、枇杷、杏子为"树三鲜"，海蛳、河豚、黄鱼为"水三鲜"。还有的人在立夏吃桑葚、樱桃，说是能让肤色美好。还有一个习俗，立夏时可以就着这些新鲜的瓜果蔬菜喝点小酒，这叫"饯春"，意思是自此送别了春天。

小君说，妈妈，你要给爸爸准备下酒菜吧。

爸爸说，古人送春要风雅得多。清代的词人陈维崧曾经在立夏那天跟朋友一起赏花，和朋友们吃吃喝喝。想到每年立夏都曾这么欢聚，他感觉自己和朋友们就像花丛间的蝴蝶和蜜蜂一样，说是，**春归矣，仗花间蜂蝶，邀取春还。**

六 立夏之财

　　吃过晚饭，小君看到妈妈在收拾厨房，还喊爸爸一起收拾，说冰箱里这个东西是不是该清理了，那个东西是不是还能放几天。

　　小君说，妈妈，一个冬天一个春天也没见你这么整理厨房，怎么到了立夏就想到扔东西呢？

　　妈妈说，夏天到了，气温升高了，米饭、豆腐过一夜就有馊味，很容易变质。即使有冰箱也不管用，放太久再吃的话就没味道，对身体也不好。

爸爸说，现在的食品都写了保质期，在保质期内是好东西，过了保质期就是垃圾了。以前人过日子没有保质期的概念，但有季节作参照。比如在冬天、春天，什么东西都可以放一放，万一吃用不够还能发挥用处。到了夏天，很多东西放长了就不是财物，而是占用空间甚至是消耗能源的垃圾了。所以，立夏让我们有了财产意识，哪些东西是你的，哪些东西不是你的。

小君说，我明白了，就像说竹子蹿高一样，有些空间不是它的，它能用好自己的空间就可以了。我也要去整理自己的房间，看哪些东西我永远不想用了，它们就不再是我的，我就可以送给别人了。

七 立夏之物候

这一天，一场小雨过后，天霁日出。小君要爸爸陪他到小区里玩，遇到了余叔叔和小墩儿也在小区里，余叔叔说，雨后的空气真好。

他们路过小区的花园时，小君发现湿漉漉的花园里有一些蚯蚓。他问余叔叔，这些蚯蚓在做什么呢？

余叔叔说，蚯蚓出现是立夏的一大物候，它们是出来给大地松土的，这样方便花草植物更好地生长。

小君问，立夏还有什么物候呢？

瓜
生

26

出，三候王
二候蚯蚓
蝼蝈鸣，一候

余叔叔说，**一候蝼蝈鸣**，就是蝼蛄在田间鸣叫，表明夏天到了。**二候就是蚯蚓出**，刚才说过它是帮助大地松土的。**三候是王瓜生**，王瓜的蔓藤开始快速攀爬生长。王瓜是一种葫芦形状的果实，可以做中药，有清热的作用。夏天人容易上火，王瓜这类药就可以发挥作用了。

小君感叹，大自然真神奇啊。

小满

小满者，物至于此小得盈满。

八

小满之满

　　转眼到了 5 月下旬，听说这个节气的名字叫小满，

小君很高兴，说这像是个小朋友的名字。

　　爸爸说，是的，很多人家愿意给孩子取名叫小满。

余叔叔有个侄子，就是小墩儿的哥哥，名字就叫小满。

因为小满是人生的最佳状态，人活着不能什么都没有，

但也不能满满当当的。**月满则缺，水满则溢。**成语说，

谦受益，满招损。

　　小君问爸爸，那为什么古人把 5 月中下旬的节气

称作小满呢?

爸爸说,这是因为农作物到此时等待雨水灌浆,好在 6 月收割前变得饱满,这个时候的农作物不是很饱满而是小满状态,还有吸取阳光雨水的胃口。另一方面,人的胃口此时也是极佳状态,消化力强,所以可以适当多吃一些,这样到下个月农忙、天热时经得起体力的消耗。清代的康熙皇帝有一年遇到小满节气无雨,他看到田野里的麦子干得快枯萎了,觉得老天爷太不给面子了,就带着大家求雨。后来天降大雨,

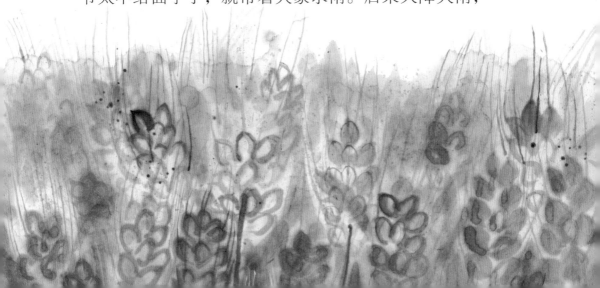

他看到庄稼有了雨水一下子生动饱满起来，感叹民以食为天，种庄稼太艰难了。在皇帝当中，康熙皇帝算是知道天外有天的明君了。

小君说，我喜欢小满这个节气，它让人想到了永不满足的求知欲和好奇心。

爸爸说，是的，外国人也喜欢小满状态，他们有一句名言，叫"保持饥饿，保持愚蠢"。或者叫作，求知若饥，虚心若愚。

小满之食

这一天，小君因为吃多了生冷的东西，肚子着凉了，嘴上又上火起泡，难受极了，没有食欲，不想吃东西。妈妈笑着说，这个时候就怕肠胃不好，肠胃不好吃不了好东西，吃的是亏，太吃亏了。

爸爸说，我前两天说，小满节气人的胃口大开，我看你这两天吃生的冷的太多了。这个时候天气热，吃生冷的东西很舒服，但一定不能过量。胃口大开是好事，但要注意保护肠胃，比如小满节气就要注意不能过量吃生冷的东西，不能吃太多油腻的东西，也不能吃太多辛辣的东西。

妈妈做了苦瓜，甚至把馒头片烤得焦煳煳的，再配上一碗热粥给小君吃。小君闻着焦煳的馒头片香，胃口大开，吃得津津有味。

爸爸说，妈妈真是小君的保健医生。焦煳的馒头味道还有些苦涩，这个时候吃点苦，能把胃火降下来，肠胃得到调理，身体就会更健康。大自然其实是真正的医生，它知道人们在夏天上火会非常难受，故出产的瓜果蔬菜多有苦味，这就是一种平衡、调理。

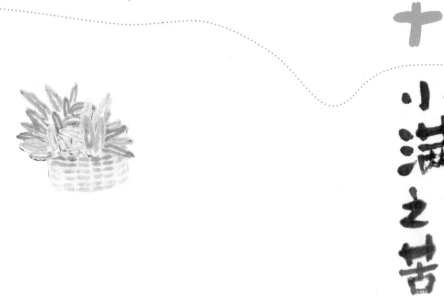

妈妈要小君数一数生活中有哪些苦的东西。

小君说，除了苦瓜的名字就有苦以外，好多瓜的根蒂处都有些发苦，这跟瓜瓤的甜正好反着。还有苦茶、苦菜、苦咖啡，比起来，苦菜的味道还不那么苦。

爸爸说，小满节气的**第一物候就是苦菜秀**，就是说这个时候的苦菜已经枝叶繁茂了。"苦苦菜，带苦尝，虽逆口，胜空肠。"苦菜遍布全国各地，宁夏人叫它"苦苦菜"，陕西人叫它"苦麻菜"，云南人称之为"当家菜"，很多东西特别是大鱼大肉会吃腻，但苦菜你吃起来像永远吃不够似的。李时珍称它为"天香草"。《本草纲目》中说：（苦苦菜）久服，安心益气……轻身、耐老。

妈妈说，现在很多人讲消费，讲享受，不太讲究吃苦。其实，过去称赞一个人，就说他吃苦耐劳，这个成语说的不仅是吃得了苦，耐得了劳动，

苦丁茶

大暑　小暑　夏至　芒种　小满　立夏

意式浓缩咖啡

39

而且是说吃了苦的人生才更能坚持、更加顽强。

爸爸说，妈妈说得对，吃苦耐劳不仅是说抗打击能力强，也有人的生命坚韧持久的意义。你要知道老子的教导：

五色令人目盲，

五音令人耳聋，

五味令人口爽，

驰骋田猎，令人心发狂，

难得之货，令人行妨。

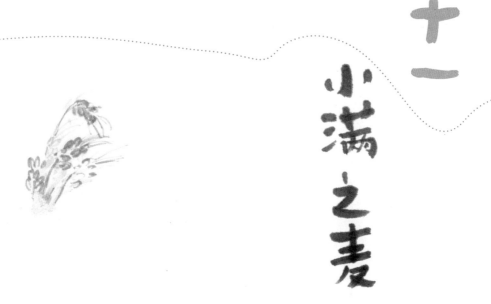

十一

小满之麦

　　说到物候，爸爸感叹，小满的**第二个物候就是靡草死**。靡草是一种枝叶很细的小草，小满时，别的生物刚开始生长，它就已经成熟，乃至死亡了。靡草的生命太短促了，夏天还没有走完，更没体会过秋天、冬天，它就死去了。

　　小君说，看来不仅夏虫不可语冰，就是夏天的靡草也不知道冬天的样子。

　　一家人聊天的时候，余叔叔和小墩儿来串门了，

余叔叔带了一小口袋面，说是朋友送的今年刚收割的麦子磨的面粉，尝尝新。

小君说，这么快就吃新麦了啊。

爸爸说，小满的**第三个物候是麦秋至**，是麦子成熟的意思。

余叔叔听说小君在学习小满的物候，总结说，小满的三个物候很有意思：苦菜秀，人们学着吃苦、食苦；靡草死，让人们感伤；但不要紧，麦秋至，让人们尝到了新麦的甜、收获的甜。从苦到甜，生活仍是有希望的。

妈妈说，在农村地区，每年小满节气期间，人们都会到麦田里搓一把麦粒吃下去。尤其是灌浆后还没完全成熟的青小麦，放进嘴里嚼几口，尝到浆汁的清香甘甜，真是一种美味。

　　小君说，嗯，我可是知道吃生冷食物拉肚子的难

受，不过马上要到快乐的儿童节啦，那是我们小朋友

的节日。

芒种

十二

芒种之忙

儿童节过后，很快到了新的节气。小君听说 6 月上旬的节气叫芒种，他感叹，古人真有智慧啊，我们小朋友过了儿童节都感觉忙起来了，芒种这名字取得好。

爸爸说，你小小年纪有什么可忙的。

小君说，天气热了啊，大部分时间都热得昏头涨脑的。一天下来只有很少的时间能玩儿，怎么不忙？再说，儿童节的时候，我收到了小伙伴们的礼物，艾

米发来了她跳舞的视频，依依送了她画的画，就连小墩儿也给我写了一幅字呢……就我没准备礼物，我也要给他们准备礼物，怎么不忙呢？

爸爸说，有道理啊。不过你这么理解芒种节气也对，这个节气的人确实很忙。尤其是农民朋友，他们忙着抢收庄稼，忙着抢种庄稼。在过去，他们忙不过来，政府会组织人下乡，学校会放假让你们这些中小学生也去帮忙支援农民伯伯们。

小君说，爸爸，我知道这个时候大家都忙还有一个原因，就是大哥哥大姐姐们的中考、高考，他们也像农民一样收获自己的果实。无论是农民还是学生，他们这个时候的忙碌牵动着整个社会的神经，大家都跟着忙起来了。

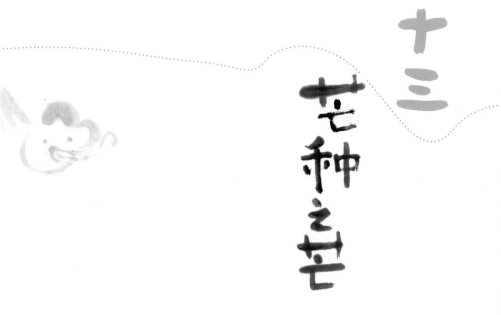

芒种之芒

爸爸对小君说，不过，芒种的芒是麦芒的芒、稻谷的芒。芒种就是，"有芒的麦子快收，有芒的稻子快种"。

小君问，为什么一定要快收快种呢？农民伯伯们不慌不忙地收庄稼、种庄稼不好吗？

爸爸解释说，芒种时节是一年中降水量最多的时节。雨天多，雨量大，日照少，有时还伴有低温。若遇连日阴雨天气及大风、冰雹等，往往会使小麦不能及时收割、脱粒和贮藏，眼看要到手的庄稼就会毁于一旦。所以说，"收麦如救火，龙口把粮夺"。还有的农作物如水稻、红薯、玉米、芝麻等，如果不及时种下去，生长周期不够，产量就会少很多甚至颗粒无收。所以说，"芒种不种，再种无用"。

小君说，我现在明白什么叫针尖对麦芒了，原来芒种节气是人和天时地利硬碰硬啊。我也理解为什么要组织人力帮农民伯伯们抢收抢种了。这个时候的天气，我到小区里走一趟都大汗淋漓，那农民伯伯在地里干活更是汗如雨下，他们真是辛苦。

爸爸说，是的，这个时候能体会农民的不容易，播种和收割都是辛苦劳累换来的，是汗水和血泪换来的。你学过那首诗，"锄禾日当午，汗滴禾下土。谁知盘中餐，粒粒皆辛苦"。你还记得是谁写的吗？

小君说，我知道，这是唐代诗人李绅写的。

爸爸说，宋代著名的田园诗人范成大特别关心农民，

有一年芒种后，天气反常，下了雨，天气一下子冷起来

了，他看到当地的农民披着棉袄到田里种稻插秧，真是受罪。

小君惊叹，啊，大夏天穿着棉袄种田。

爸爸说，是啊，这些苦难离我们不远，你四川老家的爷爷奶奶们就尝过这些苦。当然，从励志的角度，我们说，想要做好任何事都要吃苦。有一首诗就说得很好，是冰心奶奶写的：

成功的花，

人们只惊羡她现时的明艳！

然而当初她的芽儿，

浸透了奋斗的泪泉，

洒遍了牺牲的血雨。

小君问爸爸，芒种节气对我们住在城里的人有什么意义和可以学习的呢？

爸爸说，我就接着你说的忙碌的例子来说吧。因为时间、精力有限，大人、小孩都因为天气热变得忙了。有些人不免随便起来。但是对我们来说，这个时候虽然忙，基本的礼仪还是要有的。就拿穿衣来说，有些人在公共场合也是光膀子大裤衩，这就不雅了，这就是失礼了。

君子行

君子防未然，

不处嫌疑间。

瓜田不纳履，

李下不正冠。

三国·曹植

妈妈说，芒种节气的礼仪在生产生活中确实很重要，这个时候瓜果飘香，就连我们小区里的果树都结了果子，更不用说农村了，村边田野，可吃的瓜果俯拾皆是。诱惑太多了，所以要做一个有礼节的人，非礼的事不要去做。有一个成语"瓜田李下"。古人说，"瓜田不纳履，李下不正冠"。经过瓜田，不要弯下身来提鞋，免得人家怀疑你摘瓜；走过李树下面，不要举起手来整理帽子，免得人家怀疑你摘李子。

小君说，怪不得我们小朋友们每次在果树下待久了，物业的叔叔就死死地盯着我们，原来是怕我们摘果子吃啊。

十五　芒种之物候

爸爸听着小君和妈妈的话，兴趣也来了，对小君说，说到芒种节气，你还不知道这个节气的物候呢。

小君问爸爸，芒种节气的物候有什么讲究吗？

爸爸说，有啊。芒种节气的物候是：**一候螳螂生，二候鹏（jú）始鸣，三候反舌无声。**在这个节气中，小螳螂破壳而出，农作物生长丰收之际，害虫也多，螳螂应运而生，它是害虫们的天敌。人们还从螳螂身上学到了很多东西，比如传统武术有一种拳术就叫螳

螂拳。

第二种物候是伯劳鸟开始鸣叫，伯劳鸟也是一种吃害虫的鸟，古人看重它，既是关心农业生产，也是关心天气是否反常。第三种物候就更有意思了，说的是一种叫反舌鸟的鸟，它们能够学其他鸟的叫声，但在芒种节气的时候反舌鸟反而停止了鸣叫。

小君问，这是为什么呢？

妈妈说，余叔叔有一个解释，他说，在芒种节气极为忙碌的时候，人们把反舌鸟当作物候应该是有很深用意的。反舌鸟是一种野性难驯的鸟，这个时候它们也不叫唤了。在老百姓眼里，这也说明芒种期间那些嚼舌头、爱说闲话的现象也没有了。如果有人在忙碌的时候不干活，而是在散布闲言碎语或搬弄是非，那实在是说明他的人品有问题，也会被忙碌的乡邻看不起。

小君说，我觉得人即使在不忙的时候也不能碎碎叨叨的，哪怕很闲的时候也不能说人的坏话。

爸爸说，对啊，古人说过，静坐常思己过，闲谈莫论人非。不过，小君，妈妈她们女孩子就喜欢东家长西家短，这种生活也要理解。

小君说，我们一家人聊天不算是闲话吧。

爸爸说，不算，不算。

夏至

广州

90°

十六

夏至无影

　　芒种节气真的很忙，小君感觉还没怎么过，眨眼间就到了夏至。

　　这一天，小君的朋友小广发来了视频，视频中的小广站在太阳底下，却没有影子。小广说这是只在他们那里才有的奇观，叫"夏至无影"。

　　小君不信，跑到太阳底下，却看到影子像跟定他似的。他回家问爸爸，为什么小广站在太阳底下能够实现夏至无影，自己却做不到呢？

爸爸说，这是因为小广在广东啊，他那里就在北回归线上，夏至的时候，太阳光正好直射北回归线上的一切，人也好，树也好，在太阳底下都没有影子了。

小君问，没有影子有什么意思呢？

爸爸说，没有影子，就说明这个人做人做事滴水不漏，不留痕迹，很完美。

小君说，那我不要做一个没有影子的人，我知道自己不完美。

十七

夏至之中

　　虽然身在城市里，小区的树林中仍有鸣蝉在叫。在炎热的夏天里，它们的叫声格外响亮，有时扰人清梦，但有时也让人昏昏欲睡。

　　这一天，小君和爸爸午饭后正想打个盹儿，忽然听到有人敲门，原来是小墩儿气喘吁吁地跑来，余叔叔在后面追来。余叔叔说，小墩儿不爱睡午觉，这不，强迫他眯一会儿，他倒跑出来了。小墩儿奶声奶气地说，小君哥哥，我不想睡，我在你家玩儿，行不？

小君和爸爸哈哈大笑，齐声说道：行。中。

小君问爸爸，中是什么意思？

爸爸说，中就是行的意思。行不行？行。中不中？中。

小君说，啊，我想起来了，爸爸的朋友洛阳的赵叔叔说话就爱说"中"，我当时还想赵叔叔还是画家呢，说话怎么有些土。

余叔叔说，一点儿也不土，说起来，这个中字还跟夏至有关。"夏至"是太阳一年运行中的中点，古人认为由这一天可以确定"天中"，再由天中确立地中，就是天底下的中心、中央区域。我们中国的概念也可以说是这么来的。河南的好多地方，登封、洛阳都曾被测定是天地之中，这些计算测量只是一种假设，但古人是相信的。直到今天，河南仍是中原的代名词，河南人表达行不行的口头禅就是，中不中？中。

zhōng 方位词。跟四周的距离相等。成，行，好。

一候鹿角解，二候蝉始鸣，三候半夏生。

70

十八

夏至物候

小君学会了中。余叔叔说，行啊，中啊，成啊，可以啊，这些字眼儿意思相同，其中有些字，比如中不中的中，这个字一度是中国人最重要的字呢。

小君问余叔叔，夏至节气有哪些物候啊？

余叔叔说，夏至的物候有一个你已经天天在接触了，你天天都在听它们唱歌，你知道是什么吗？

小君想了一下，说，我知道了，是蝉。

余叔叔说，对啊，夏至的**二候就是蝉始鸣**，蝉又有知了、伏天、季鸟等多种称呼。在我们中国人眼里，它是复活与永生的象征，有着周而复始、绵绵不绝的意义。蝉在夏天秋天的寿命只有几周的时间，在此之前，它要在地下黑暗世界里待上四年左右"积攒能量"，所以它在地上就是要拼命歌唱，就是要放声歌唱。

夏至的**第一候是鹿角解**。鹿角开始脱落了，这说明夏至阳极而阴，夏至一阴生。鹿在古人的生活中有着非常重要的位置，它是爱情的象征，也是美好愿望的象征。山麓、俸禄、福禄寿、逐鹿中原、指鹿为马等等，处处可见鹿的影子。

夏至的**第三候是半夏生**。半夏本是旱地中的杂草，古人发现了它的药用价值。比如夏天人容易呕吐反胃，用半夏来调理就比较好。

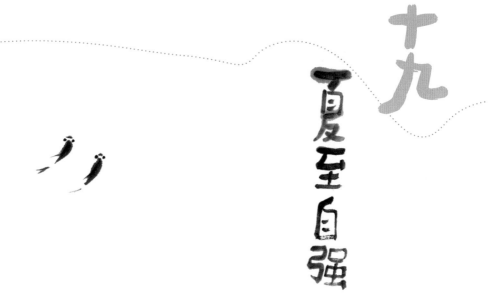

十九 夏至自强

小君说，我反胃的时候，妈妈让我喝姜水。

余叔叔说，这也有道理，半夏是药材，姜是食材。夏至节气的饮食就是以清火、增进食欲为目的。姜就派上用场了。俗话说，"饭不香，吃生姜"，"冬吃萝卜，夏吃姜"，"早上三片姜，赛过喝参汤"。孔子有名言："不撤姜食，不多食。"

小君感叹，原来夏至有这么多的学问。不过，这种天气人太容易昏昏欲睡了，太离不开空调电扇了。

夏至自强

心静凉
静自
凉然

　　余叔叔说，所以古人有一句话，**天行健，君子以自强不息**。小君，你不能太依赖空调电扇这些东西，有些修行好的人根本不需要这些外在的东西。对他们来说，入水不溺，入火不焚。就是说在水里不会淹死，在火热的天气不会热死。只要你努力，就能摆脱身心的燥热。俗话说，心静自然凉。

　　唐代的宰相、文学家权德舆有一年夏至时感慨说，斗转星移不会停止，一年四季轮流坐庄，如果要送炎热酷暑一句话，那就是，今夜就稍稍变长。

二十

小暑之暑

7月初到了，爸爸说，每年7月7日或8日开始的节气称为小暑，接着还有大暑、处暑等节气，三个带暑字的节气加起来长达一个半月。这是一年中真正的高温天气了。

小君说，看到暑字都让人发热。爸爸说，你看这个暑字，从日者声。日者，此时大地上的万事万物，包括人在内，都是日者，都是被太阳照耀的。暑字，还有一个意思，就是日、土、日三个字的组合会意，

即土地上下都有日光的炙热照耀。

妈妈说，高温会使人得病，这就是暑病。民间称之为"中暑"。人一旦中暑了是很难受的。

爸爸说，小君啊，你千万别中暑了，中不中？

小君刚想脱口而出，中！马上想到这样一说岂不是又有中暑的意思，他看到爸爸促狭的眼神，哈，爸爸，你蒙我？！

二十一 小暑之温风

天气确实炎热，离开有冷气的房间，一出门衣服就像热乎乎的布立马贴在皮肤上。一丝凉风都没有，所有的风中都裹着热浪。小君连叫，受不了，受不了。

小君跑回家问艾米安徽的天气怎么样。

艾米说，她好几天都没出门了。她喜欢穿着裙子跳舞。可天气热，一出门只能穿短裤，不能穿裙子，裙子沾在身上难受又难看。

小君跟爸爸说，风都是热的。

爸爸说，这就是小暑的物候之一，**温风至。**意思是这个时候的风不再有降温的作用，反而是增温的。

小君说，古人对风的定义真有意思。现代的科学家们一般要测定风速、风能，会把风分成从无风到超强台风十几种等级，还会分成信风、阵风、季风、龙卷风等若干类型。古人说风要简单得多了。

爸爸说，看似简单，但很有用。你想想看，春风、秋风、南风、北风、温风、暖风、凉风、寒风，用多了，这些话一说出来你就知道该怎么过日子了。

小君说，我知道，其实就是两种风，一种是科学定义的风，一种是身体感受到的风。

小暑物候

一候温风至，

二候蟋蟀居宇，

三候鹰始挚鸟。

小君问爸爸，除了温风，小暑还有什么物候。

爸爸说，小暑的二候三候很有意思，一个是昆虫，一个是鸟。**二候是蟋蟀居宇。**由于炎热，蟋蟀离开了田野，躲到庭院的墙角下以避暑热。蟋蟀有蛐蛐、夜鸣虫、将军虫等多种称呼，它有好斗好叫唤的特性，从古至今它都是人们玩斗的对象，从中也折射出人们渴望返璞归真的意趣。

三候鹰始鸷（zhì）。老鹰因地面气温太高而只好多在清凉的高空中活动，古人以为它在空中开始练习搏杀本领，为秋天收获的季节做准备。鹰象征力量，是神鸟、天鸟。鹰的雄强威严、器宇轩昂和阳刚大气，是高贵和壮美的象征。但在小暑节气里，老鹰也不得不避其热浪。

小君说，我知道哪里的人不怕热，广东的小广，他居然敢生活在南方。

爸爸说，哈哈，你这是妖魔化小广。古代的中原人对南方人不了解，也以为他们很特别。说他们因为天气炎热而导致性情急躁，影响到他们说话的声音；说他们的声音是鸟语，一浪高过一浪；说他们的声音有毒，只要他们诅咒树，树就会枯死；还说他们的口水也有热毒，他们对树上的鸟吐口唾沫，鸟就会中毒掉下来。

小君说，啊，古人真能异想天开。

二十三
小暑之
水深火热

　　小君感叹，怪不得有一个成语叫水深火热，小暑

节气的日子真叫作水深火热。频繁地冲凉水澡不行，

任凭天热得浑身冒汗也不行。

　　正说着话，余叔叔带着小墩儿来串门。爸爸招待

余叔叔喝茶，余叔叔慢慢喝茶，喝到第三杯的时候，

他们说身体一下子清凉起来了。余叔叔说，我们这些

感受，古人早就体会到并写下来了。宋代的文学家晁

补之有一年小暑时在朋友那里喝茶，就喝出了春天的

小暑之水深火热

且夫天地为炉兮，造化

为工；阴阳为山炭兮，

万物为铜。

鹏鸟赋 汉·贾谊

感觉。他说，一碗茶把江浙一带的春天都喝到了，没想到小暑天气还有这么宜人的享受，希望以后想起这个日子的时候，能记得我们偶然之间给寻常的生活赋予过美好的意义。

听小君说起天气热，余叔叔说，很多地方被称为火炉城市，南京、武汉、重庆被称为中国三大火炉城市，还有济南、长沙、杭州、福州等地也有火炉之称，这种桑拿天就像是在火炉中，又像是在蒸笼中，下蒸上烤。

小君说，那我们是不是像孙悟空在太上老君的丹炉中经受烤炼，我们能炼出火眼金睛吗？

余叔叔说，天地也好，人也好，就要像熔炉一样，经历火的洗礼，铸造出新样子来，所以古人说，革故鼎新，革物者莫若鼎。我喜欢贾谊的赋，他说，天地为炉兮，造化为工；

阴阳为炭兮，万物为铜。

小君说，我明白了，我要在炎热的夏天经受住烤炼，身体才能更健康，精力也会更充沛。

余叔叔说，空喊口号是不够的。平时不能掉以轻心，这么炎热的天气本来就很消耗人，如果不注意生病了，就更麻烦，有的人甚至会落下病根。比如说，"冬不坐石，夏不坐木"，炎热的夏天气温高、湿度大。夏天的木头含水分多，表面看上去是干的，但只要人坐上去，以体温接受树木散发的潮气，就容易诱发痔疮、风湿和关节炎一类的疾病。

大暑

蕲竹能吟水底龙，
玉人应在月明中。
何时为洗秋空热，
散作霜天落叶风。
大暑水阁听晋卿家昭华吹笛
宋·黄庭坚

二十四
大暑之伏

大暑节气到了，天气更为炎热。爸爸跟小君说，宋代的诗人黄庭坚有一年大暑节气听见朋友家有人吹笛子，他突然感觉笛声把水底的龙唤醒了，感觉到一丝清凉。黄庭坚说，他真希望这条龙能够降下雨水，一下子把热浪洗掉，变成秋天霜降吹落树叶的风，让大家凉爽透。

小君说，这个黄庭坚真能做梦。

爸爸说，实在是夏天太热，这三伏天的中伏更让人热得难受。

小君问爸爸，什么是三伏天?

爸爸说，三伏天是一年当中气温最高，而且十分潮湿、闷热的一段时间，通常为30天。天干十个数——甲乙丙丁戊己庚辛壬癸，夏至后第三个庚日就是入初伏，第四个庚日入中伏，立秋后第一个庚日入末伏，总称"三伏"。"伏"有避匿的意思，比如说潜伏。这个字从犬，狗在炎热天气中只能老老实实地伸舌消暑，人们在夏天也要避开炎热之毒杀。在外国，三伏天也被称为狗日子，就跟中国人一样啊。

小君不信，马上发微信给美国的朋友美滋滋，问她在美国最热的天气称作什么，美滋滋很快发来回复：dog days!

这一天中午，小君吃过饭，正想睡午觉。余叔叔拉着小墩儿来找小君。小君，要不要跟小墩儿到小区里面玩儿？

现在？小君心想，余叔叔太搞笑了，现在火毒的太阳晒着，您不怕小墩儿中暑？

爸爸说，走吧，余叔叔一定有道理。

两对父子来到小区里，放眼望去没有一个人影儿。小君想，大家都躲在屋子里避暑呢。

余叔叔走到一块光滑如镜的大理石地砖上，把地砖擦了擦，从口袋里掏出两张薄薄的面饼，放在上面。他又拉着大家走到旁边，从口袋里掏出一张宣纸、一柄放大镜。然后他把纸放在地上，用放大镜对着纸。

小墩儿和小君好奇地望望余叔叔，又望望地上的纸。

慢慢地，白纸变黑了，冒烟了，最后，烧起来了！

小墩儿说，好玩儿！

小君说，余叔叔，您不会要让我和小墩儿吃生面饼吧。

余叔叔说，你去拿起来吃吃看。

小君去把两张面饼拿起来，面饼在太阳底下居然烤熟了。

大暑者之趣

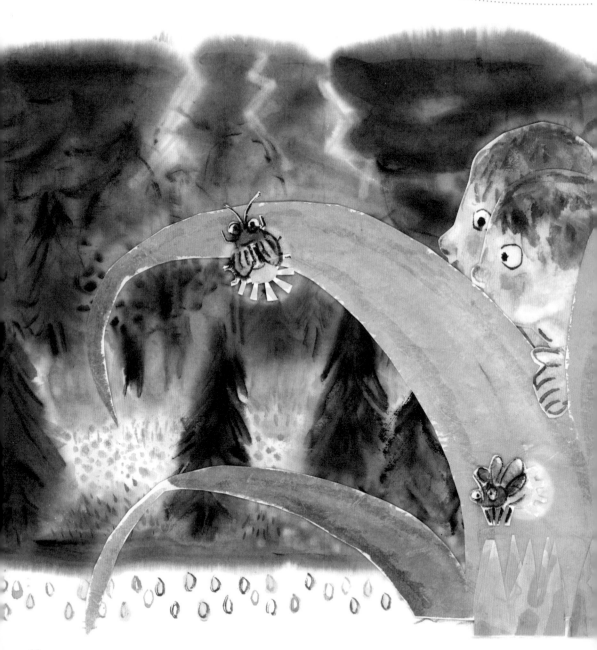

二十六

大日者物候

爸爸招呼大家，不能在外面待久了，还是回家喝点儿冷饮吧。

妈妈在家给余叔叔准备好了西瓜、茶等瓜果饮品。爸爸和余叔叔喝了茶，聊起大暑的天气。爸爸说，他小时候在大暑天里还试过把生鸡蛋、生瓜子放在太阳底下呢。余叔叔说，这不奇怪，小暑大暑，遍地都是火炉，都是火焰山，这些热火不利用起来就浪费了。

小君问余叔叔，大暑期间有哪些重要的物候？

余叔叔说，大暑三物候，"一候腐草为萤，二候土润溽（rù）暑，三候大雨时行"。古人认为这时候腐草化为萤火虫，天气开始变得闷热，土地也很潮湿，经常有大的雷雨出现。

小君说，为什么要把萤火虫当作物候呢？

余叔叔说，别看这种虫小，它们对生活环境要求很高，它们如果不出现，或者出现得特别少，就说明这个地方的生态环境受到了很大的破坏。

小君说，另外两个物候呢？

余叔叔说，土湿、雨行是自然现象。古人强调它们，是说大暑节气将土地和雨水重新交给人和一切生物了，经过大暑节气，大自然就是土厚水深。古人说，"土厚水深，居之不疾"。

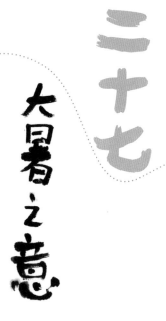

二十七

大暑者之意

　　一连好多天，小君和小墩儿玩着余叔叔演示给他们的游戏。

　　爸爸正忙着在网上购物，原来是四川老家山里的井水浑浊，没法饮用了，爸爸想给老家买点儿明矾，好把井水澄清。

　　爸爸忙完手头的事，跟小君聊天，小君啊，不能老是想着玩儿。这种天气里既要学会安静，也要学习跟世界和谐共处。我们不是说过吗，这是学长的时候，

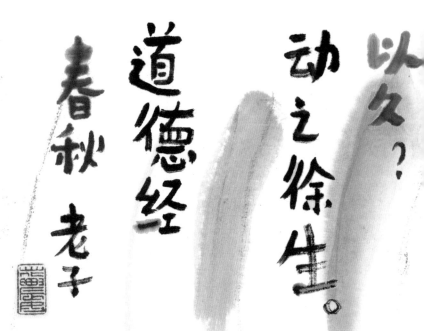

以冬？动之徐生。

道德经 春秋 老子

不能借口天气不好就只顾自己的身体感受。只有打起精神来才能真正照顾好身体。而且，我们还要跟大家一起打起精神来照顾好我们的世界。就像老家的井水，现在浑浊了，得想办法。身体是本钱，是财富，井水也是本钱，是大家的公共财富，需要我们保护好。

孰能浊

以澄？

静之徐

清。

孰

能安

小君说，我明白了，我要有一颗公益心，要学会跟万物相处，跟大家相互鼓励。

爸爸嗯了一声。过了一会儿，爸爸像是自言自语地念道：孰能浊以澄？静之徐清。孰能安以久？动之徐生。